I0072471

V

(C)

16679

ÉQUATION

DE LA COURBE FORMÉE PAR UNE LAME ÉLASTIQUE, QUELLES QUE SOIENT LES FORCES QUI AGISSENT SUR LA LAME.

PAR M.ʳ PLANA.

BIBLIOTHEQUE ROYALE

Approuvée par l'Académie Impériale des sciences, littérature et beaux-arts, le 25 novembre 1809.

1. QUELLE que soit la cause qui produit l'élasticité, il est certain qu'on peut la considérer comme une force qui tend à rétablir les corps qui en sont doués dans la figure et l'étendue qu'ils avaient perdues par l'action de quelque puissance extérieure. L'élasticité est plus ou moins parfaite, suivant que l'effort qui s'exerce pour reprendre l'état primitif, est plus ou moins égal à la force comprimante. Quoique la nature n'offre pas des corps parfaitement élastiques, il en est cependant, tels que l'acier trempé, l'ivoire, etc., qu'on peut considérer comme ayant cette propriété au dernier degré de perfection, sans s'exposer à des erreurs

sensibles dans la théorie, qui a pour objet la détermination des courbes qu'ils affectent lorsqu'ils sont comprimés par des forces quelconques.

2. Jacques BERNOULLI est le premier qui a déterminé la courbe formée par une lame élastique, en faisant abstraction de la pesanteur de la lame. Daniel BERNOULLI, Jean BERNOULLI, EULER, LAGRANGE ont ensuite traité la même question et sont parvenus à l'équation différentielle de la courbe, quelles que soient les forces extérieures qui agissent sur la lame. Après avoir résolu le problême relativement aux lames élastiques dont l'épaisseur est uniforme, on a considéré les corps élastiques d'épaisseur variable, et quoique cette circonstance rende le problême beaucoup plus difficile, par rapport à l'intégration, on peut néanmoins le résoudre dans un grand nombre de cas, lorsque la courbure formée par ces corps, que je suppose de révolution, n'écarte pas sensiblement l'axe de la ligne droite. C'est au moyen de cette limitation qu'EULER est parvenu à déterminer la force des colonnes dans un mémoire imprimé dans l'Académie de Berlin (année 1757). LAGRANGE dans le tome 5 des mémoires de l'Académie de Turin, s'est proposé sur le même sujet un problême d'un ordre plus difficile, en cherchant la figure qui convient aux colonnes, pour qu'elles aient le maximum de forces relativement à une hauteur et à une masse données. Le résultat de ces calculs donne la préférence aux colonnes cylindriques. EULER dans son

traité des courbes élastiques, LAGRANGE dans sa mécanique analytique ont donné l'équation différentielle de la courbe formée par une lame élastique, non-seulement dans le cas où elle est produite par une force qui agit à une des extrémités de la lame, mais aussi dans celui où la lame serait pesante, et en général sollicitée par des forces accélératrices quelconques situées dans le plan de la lame. Les moyens que ces deux auteurs emploient pour parvenir à cette équation ne m'ont pas paru doués de toute la clarté et la simplicité qu'on pourrait souhaiter; et c'est dans l'intention de la démontrer, en suivant une marche précise et naturelle, que je n'ai pas cru inutile d'offrir ce mémoire à l'Académie, quoiqu'il ait pour but de déterminer une équation déjà connue par les géomètres. Après avoir établi cette équation je l'appliquerai à un cas particulier, déjà traité par LAGRANGE dans le volume de l'année 1769 de l'académie de Berlin, ce qui m'offrira l'occasion de rectifier une équation que ce grand géomètre n'a pas donnée exactement, par suite d'une légère inattention relative au signe d'une quantité qui change le résultat final.

3. Le principe fondamental de cette théorie est celui-ci: soit ABD (pl. IV fig. 1) une ligne droite fixée par son extrémité A, et ayant un ressort au point B. Supposons qu'on ait forcé le côté BD à prendre la situation BC qui fait avec la première l'angle DBC $= \varphi$, et soit P la force qu'il faut appliquer au point C per-

pendiculairement à BC, pour l'empêcher de reprendre la situation primitive BD. Puisque le ressort qui se trouve au point B est parfait, il est clair que la force P sera égale à celle qu'on a employée pour placer le côté BD sur le côté BC, ainsi ce dernier côté tend à se remettre en ligne droite avec AB avec une force mesurée par le poids P, qui lui fait équilibre. Il est évident que pour augmenter l'angle DBC, il faudra augmenter la force P, ce qui suffit pour en conclure qu'il doit exister un rapport exprimé par une équation entre la force P et l'angle φ. Nous ignorons la composition de cette équation, quelque soit l'angle DBC d'inflexion, mais en se bornant à des angles très-petits l'expérience prouve que la force P est proportionnelle à l'angle φ.

Cela posé nous aurons donc pour des angles très-petits, P=P'φ en désignant par P' la force qui produit l'angle d'une seconde, par exemple, et ayant soin d'évaluer l'angle φ en secondes. Si on désigne par a la longueur de l'arc d'une seconde dans un cercle dont le rayon est égal à l'unité, et par b la longueur de l'arc, désigné par φ, on aura $b=a\varphi$, et delà on déduira :

$$P = P' \cdot \frac{b}{a}.$$

Si on élève maintenant aux points B et C deux perpendiculaires, l'une à AB, l'autre à BC, et qu'on les prolonge jusqu'à leur intersection, on formera le triangle BOC dans lequel l'angle BOC est égal à l'angle DBC, ce qui donne: $\sin \phi = \frac{BC}{BO} = b$, puisque l'angle étant très-petit on peut prendre la longueur du sinus pour celle de l'arc. Substituant dans l'équation $P = P' \cdot \frac{b}{a}$ la valeur de b que nous venons de trouver, on aura:

$$P = \frac{P'}{a} \cdot \frac{BC}{BO}.$$

En considérant les deux côtés AB, BC comme les deux côtés consécutifs d'une courbe formée par une lame élastique, il n'est pas difficile de voir qu'en appelant s l'arc et r le rayon osculateur, on aurait

BC$= dS$ et BO$= r$, donc

$$P = \frac{P'}{a} \cdot \frac{dS}{r}.$$

Si on se rappelle actuellement que b désigne la longueur de l'arc d'une seconde, et même d'un arc plus petit, si l'on veut, on concevra que $P' \cdot \frac{dS}{a}$ doit être égal à une quantité finie, et en la désignant par K on aura

$$P = \frac{K}{r}.$$

Cette équation nous apprend que dans les lames de même épaisseur la force de l'élasticité est réciproquement proportionnelle au rayon osculateur. La constante K dépend de la nature de la matière qui constitue la lame et ne peut être connue que par l'expérience. Il est évident que cette quantité doit augmenter avec la largeur et l'épaisseur de la lame. On suppose qu'elle est proportionnelle à la largeur et au quarré de l'épaisseur dans les lames de figure rectangulaire, et qu'elle est proportionnelle à la 4.ᵉ puissance du rayon de la base dans les cylindres élastiques. Il paraît que ces hypothèses s'accordent assez bien avec les expériences faites. EULER et LAGRANGE les ont adoptées dans les applications de cette théorie. Dans ce qui va suivre nous regarderons la quantité K comme donnée.

4. On peut considérer une lame élastique uniformément large et uniformément épaisse, comme composée d'une infinité de lignes droites inflexibles jointes entre-elles, et ayant un ressort à chacun des points qui réunit une partie avec celle qui l'avoisine. Soit donc (fig. 2) ABCDEF le polygone formé par une semblable ligne, lorsque son extrémité A étant fixe, l'autre F porte un poids P dont la direction est perpendiculaire au côté AB. Si la partie CDEF du polygone devenait tout à coup inflexible, il est clair que la force P ne cesserait pas d'être en équilibre avec le ressort qui se trouve au point B. Dans cet état de choses, on peut supposer la force P comme appliquée au point H déterminé par le prolongement de BC avec celui de FP. Or le ressort qui se trouve au point B, peut être remplacé par une force Q appliquée perpendiculairement à BH à une distance BO du point B égale à l'unité, ainsi on pourra faire abstraction de la force

du ressort, et considérer les forces Q et P comme en équilibre autour du point mobile B. Pour exprimer cet équilibre par une équation, décomposons la force P en deux autres HM, NH, la première perpendiculaire à BH, et la seconde dans la direction de cette même ligne; il est évident, que cette dernière sera détruite par la résistance du point B, et que la seule force HM fera équilibre à la force Q. Le principe du levier donnera :

$$Q. BO = HM. BH.$$

Mais en prolongeant la ligne AB jusqu'à ce qu'elle rencontre la ligne FP prolongée au point G, et comparant les triangles HML, BGH, on trouvera facilement :

$$HM = \frac{P.BG}{BH};$$

Partant Q. BO = P. BG, ou bien
$$Q = P. BG;$$

puisque nous avons pris BO égal à l'unité.

Cette équation nous apprend, que le moment de la force du ressort est égal à celui de la force P relativement au point B. En remplaçant, par un raisonnement analogue au précédent, le ressort qui se trouve au point C par une force Q', appliquée perpendiculairement à CH' à une distance égale à l'unité du point C, et décomposant la force P considérée comme appliquée au point H', on parviendra à l'équation :

$$Q' = P. CG'.$$

Tous les autres points D, E, F, etc., quelque soit leur nombre, donneront une équation semblable.

Si l'extrémité F du polygone élastique était sollicitée par une force R dirigée perpendiculairement à FP, il suffirait de prolonger les lignes BH, CH', etc. jusqu'à leurs intersections avec le prolongement de RF, pour en conclure les équations :

$$Q = R.BB', \quad Q' = R.CC', \text{ etc.}$$

relativement à chacun des points B, C, D, etc.; car la force R pourra successivement être considérée comme appliquée aux points I, I', I'', etc., et en la décomposant d'une manière analogue au cas précédent on mettra en évidence les équations que nous avons posées.

Si enfin l'extrémité F était sollicitée par une force S dirigée d'une manière quelconque, relativement au côté AB, il serait encore vrai de dire, que le moment de cette force pris pour chacun des points B, C, D, etc., est égal à celui de la force qui remplace le ressort dans ces points. En effet, l'équilibre ne cesse pas d'avoir lieu, en supposant que la partie CDEF devienne inflexible et en appliquant la force S au point K, où il suffira de la décomposer en deux autres KZ et KT pour en conclure :

$$Q = S.BX.$$

la ligne BX étant perpendiculaire sur la ligne SK. Si on décompose maintenant la force S en deux autres P et R dirigées suivant les lignes FP, FR, on aura d'après le principe des momens;

$$S.BX = P.FB' + R.BB'.$$

partant $\qquad Q = P.FB' + R.BB'.$

on trouverait de la même manière,

$$Q' = P.FC' + R.CC'.$$
$$Q'' = P.FD' + R.DD'.$$
$$\text{etc.}$$

Les cas que nous venons d'examiner suffisent pour démontrer clairement qu'on peut appliquer le théorème des momens, soit aux polygones, soit aux courbes élastiques. La fonction $\frac{K}{r}$, trouvée dans l'article 3, doit être regardée, comme l'expression générale des forces désignées par Q, Q', Q'', etc. dans le polygone, lorsque le nombre de ses côtés augmente à l'infini; ainsi nous pouvons affirmer, que dans une courbe élastique la somme des momens des forces qui obligent la lame à se courber est toujours égale à l'expression $\frac{K}{r}$ qui mesure la force de l'élasticité dans tous les points de la courbe.

5. Ces principes posés, soit BC (fig. 3) une lame élastique droite fixement attachée par son extrémité B à la ligne AE avec laquelle elle forme un angle donné. Supposons que cette lame s'est courbée suivant la ligne BD par l'action des forces accélératrices qui la sollicitent dans tous ses points, et par l'action des forces qui lui sont appliquées au point D, qu'on pourra tou-

jours réduire à deux, dirigées suivant les lignes DA, DT perpendiculaires entre-elles.

Soit l'abscisse $DQ=x$, l'ordonnée $QN=y$. Désignons par X,Y, les forces accélératrices qui agissent parallèlement aux axes, et par R, T les forces qui agissent au point D, la première suivant DA et la seconde suivant DT.

Prenons maintenant sur la courbe BD un point quelconque M, dont l'abscisse $DP=u$ et l'ordonnée $PM=t$. En appelant dm, dm', dm'', etc. les masses des élémens ds, ds', ds'', etc. on aura, $Xdm(t-y)$ pour le moment de la force Xdm qui agit au point N, et $Ydm(u-x)$ pour le moment de la force Ydm, donc le principe des momens appliqué aux forces distribuées sur la partie DM de la courbe donnera l'équation :

$$\frac{K}{r}=Tu+Rt+Xdm(t-y)+X'dm'(t-y')+X''dm''(t-y'')+\text{etc.}$$
$$+Ydm(u-x)+Y'dm'(u-x')+Y''dm''(u-x'')+\text{etc.}$$

Mais puisque la lame est uniforme dans toute sa longueur, on a, $\dfrac{dm'}{dm}=\dfrac{ds'}{ds}$, $\dfrac{dm''}{dm}=\dfrac{ds''}{ds}$, $\dfrac{dm'''}{dm}=\dfrac{ds''}{ds}$, etc.

Donc $\quad \dfrac{K}{r} = Tu + Rt$

$+ \dfrac{dm}{ds} \left\{ Xds(t-y) + X'ds'(t-y') + X''ds''(t-y'') + \text{etc.} \right\}$

$+ \dfrac{dm}{ds} \left\{ Yds(u-x) + Y'ds'(u-x') + Y''ds''(u-x'') + \text{etc.} \right\}$

Il est facile de voir qu'on a :

$Xds(t-y) + X'ds'(t-y') + X''ds''(t-y'') + \text{etc.} = \int Xds(t-y).$

$Yds(u-x) + Y'ds'(u-x') + Y''ds''(u-x'') + \text{etc.} = \int Yds(u-x).$

En ayant soin de prendre ces intégrales, de manière qu'elles soient nulles pour les valeurs $x = 0$, $y = 0$, et de faire $x = u$, $y = t$ à l'autre limite de l'intégration : remplaçant les séries par les intégrales dans les équations précédentes, on obtiendra :

$\dfrac{K}{r} = Tu + Rt + \dfrac{dm}{ds} \int Xds(t-y) + \dfrac{dm}{ds} \int Yds(u-x).$

Si on désigne par M la masse de la lame élastique, et par L sa longueur, on aura ; $\dfrac{dm}{ds} = \dfrac{M}{L}$. Partant :

$\dfrac{K}{r} = Tu + Rt + \dfrac{M}{L} \int Xds(t-y) + \dfrac{M}{L} \int Yds(u-x);$

faisant sortir les quantités t et u hors du signe intégral, et les remplaçant par y et x, ainsi qu'on doit le faire pour se conformer aux limites de l'intégrale, il viendra :

$$\frac{K}{r} = Tx + Ry$$

$$+ \frac{M}{L} \left\{ y \int X ds + x \int Y ds - \int X y ds - \int Y x ds \right\} . (I)$$

pour l'équation générale de la courbe formée par la lame élastique. Il serait facile de délivrer cette équation du signe intégral par des différentiations, mais il est plus commode de la laisser sous cette forme pour l'abaisser au premier ordre lorsque cela est possible.

L'équation (I) rentre dans celle que LAGRANGE a donnée à la fin de la page 104 de sa mécanique analytique, pourvu qu'on ait soin de supprimer ce qui est relatif à la 3.ᵉ coordonnée, ainsi que cela est nécessaire, lorsque la courbe est à simple courbure.

En suivant la marche précédente, il ne serait pas difficile de trouver l'équation de la courbe élastique, lorsqu'elle doit être à double courbure, mais je n'entrerai point dans cette recherche qui ne présente d'autre difficulté que celle de rendre le calcul un peu plus long.

6. Jusqu'ici nous avons supposé toute la ligne BC (fig. 3) comme uniformément élastique, mais rien n'empêche de fixer au point C la ligne inflexible CF et d'appliquer une nouvelle force à l'extrémité F. Décomposant cette force en deux autres P et Q paral-

lèles aux axes et faisant FH$=a$, DH$=b$, on aura :

$$\frac{K}{r}=Tx+Ry+Q\,(a+x)+P(b+y)$$

$$+\frac{M}{I}\left\{ y\int Xds+x\int Yds-\int Xyds-\int Yxds\right\}$$

pour l'équation générale de la courbe formée par une lame en partie élastique et en partie inflexible.

7. La force de l'élasticité d'une lame d'abord étendue en ligne droite, et ensuite courbée par l'action des forces qu'on lui applique, est généralement exprimée par $\frac{K}{r}$, mais si la lame était déjà courbe dans son état naturel, il faudrait faire subir à cette fonction une modification pour obtenir l'équation de la nouvelle courbe que l'application des puissances lui ferait prendre. Supposons, en effet, qu'il y ait un ressort au point B (fig. I) et que le côté BC dans son état naturel fasse l'angle CBD avec le prolongement de AB. Si par l'application d'une force le côté BC prend la situation BK, on sent, que cette force doit être proportionnelle à l'angle CBK et non pas à l'angle DBK, ainsi que cela aurait lieu, si le côté BC se fût trouvé sur le prolongement de AB dans sa situation primitive. Or CBK$=$DBK$-$DBC, mais sin. DBK$=\frac{BK}{BG}$,

sin. DBC$=\frac{BC}{BO}$,

donc;

$$CBK = \frac{BK}{BG} - \frac{BC}{BO}$$

en remplaçant les arcs par leurs sinus. En suivant un raisonnement analogue à celui de l'article 3, on trouvera $K \left(\frac{1}{r'} - \frac{1}{r} \right)$ pour l'expression générale de la force élastique, en désignant par r le rayon de courbure correspondant à un point quelconque de la courbe primitive, et désignant par r' le rayon de courbure correspondant au même point de la courbe formée par la lame, après l'application des forces. Il est important de remarquer, qu'il sera nécessaire d'évaluer r en fonction de l'arc de la courbe, pour que $K \left(\frac{1}{r'} - \frac{1}{r} \right)$ puisse désigner la force de l'élasticité correspondante au même point de la lame qu'on aurait pris sur la courbe naturelle. On voit que cette circonstance complique l'équation (I), mais si la figure primitive de la lame est un arc de cercle, alors r est une quantité constante et les équations ne sont guères plus difficiles à intégrer que dans le cas où la figure primitive est la ligne droite.

APPLICATION de la théorie précédente à un cas particulier traité par LAGRANGE dans les mémoires de l'Académie de Berlin (année 1769).

8. Reprenons l'équation (I) de l'article 5, et posons X=o, Y=o, ce qui revient à supposer la lame BMD (fig. 4) sans pesanteur et courbée par deux forces R et T qui agissent à son extrémité D suivant la direction des axes DA et DT. L'équation de cette courbe sera donc

$$\frac{K}{r} = Tx + Ry \, ,$$

ou bien

$$\frac{-Kdxd^2y}{(dx^2+dy^2)^{\frac{3}{2}}} = Tx + Ry.$$

en substituant pour r l'expression du rayon de courbure. Pour intégrer cette équation, multiplions les deux membres par $Rdy+Tdx$ et nous aurons :

$$\frac{(Ry+Tx)(Rdy+Tdx)}{K} = \frac{-Rdx.dy.d^2y - Tdx^2d^2y}{(dx^2+dy^2)^{\frac{3}{2}}}.$$

Ajoutant et retranchant dans le numérateur du second membre $Tdy^2.d^2y$, on aura :

$$\frac{(Ry+Tx)(Rdy+Tdx)}{K}$$

$$= \left\{ \frac{T(dx^2+dy^2)d^2y + (Rdx-Tdy)dyd^2y}{(dx^2+dy^2)^{\frac{3}{2}}} \right\}$$

3

ou bien

$$\frac{(Ry+Tx)\,(Rdy+Tdx)}{K}$$

$$= -\left\{ \frac{Td^2.y.\sqrt{dx^2+dy^2}+(Rdx-Tdy)\dfrac{dy.d^2y}{\sqrt{dx^2+dy^2}}}{dx^2+dy^2} \right\}$$

En intégrant les deux membres de cette équation, on obtiendra :

$$\frac{(Ry+Tx)^2}{2K}=\frac{Rdx-Tdy}{\sqrt{dx^2+dy^2}}+C \ \ldots\ldots\ (A)$$

en désignant par C la constante arbitraire introduite par l'intégration. Pour séparer les variables dans cette équation je remarque que l'équation proposée donne $(Ry+Tx)^2=\dfrac{K^2}{r^2}$, partant on pourra transformer l'équation (A) en celle-ci :

$$\frac{K}{2r^2}=\frac{Rdx-Tdy}{\sqrt{dx^2+dy^2}}+C.$$

Faisons maintenant $\dfrac{dy}{dx}=$ tang ψ, et nommons s l'arc DM de la courbe ; il viendra $dy=ds.\sin.\psi$, $dx=ds.\cos.\psi$, $rd\psi=ds$. Substituant ces valeurs dans l'équation précédente, on aura :

$$\frac{Kd\psi^2}{2ds^2}=R\cos.\psi-T\sin.\psi+C$$

de laquelle on conclut :

$$ds = \frac{d\psi . \sqrt{\mathrm{K}}.}{\sqrt{2}.\sqrt{\mathrm{R}\cos.\psi - \mathrm{T}\sin.\psi + \mathrm{C}}}$$

$$dy = \frac{\sin.\psi\, d\psi.\sqrt{\mathrm{K}}.}{\sqrt{2}.\sqrt{\mathrm{R}\cos.\psi - \mathrm{T}\sin.\psi + \mathrm{C}}}$$

$$dx = \frac{\cos.\psi\, d\psi.\sqrt{\mathrm{K}}.}{\sqrt{2}.\sqrt{\mathrm{R}\cos.\psi - \mathrm{T}\sin.\psi + \mathrm{C}}}$$

Pour déterminer la valeur de C, nous remarquerons que si on désigne par θ la valeur de ψ au point où $x = 0$, $y = 0$, l'équation (A) donne :

$$C = \mathrm{T}\sin.\theta - \mathrm{R}\cos.\theta,$$

partant on aura :

$$ds = \frac{d\psi . \sqrt{\dfrac{\mathrm{K}}{2}}}{\sqrt{\mathrm{R}\cos.\psi - \mathrm{T}\sin.\psi + \mathrm{T}\sin.\theta - \mathrm{R}\cos.\theta}}$$

$$dy = \frac{\sin.\psi\, d\psi.\sqrt{\dfrac{\mathrm{K}}{2}}}{\sqrt{\mathrm{R}\cos.\psi - \mathrm{T}\sin.\psi + \mathrm{T}\sin.\theta - \mathrm{R}\cos.\theta}}$$

$$dx = \frac{\cos.\psi\, d\psi.\sqrt{\dfrac{\mathrm{K}}{2}}}{\sqrt{\mathrm{R}\cos.\psi - \mathrm{T}\sin.\psi + \mathrm{T}\sin.\theta - \mathrm{R}\cos.\theta}}$$

On sait que l'intégration de ces fonctions, dépend, en général, de la rectification des sections coniques, mais on peut aussi les intégrer au moyen des séries en limitant convenablement le problême pour avoir un résultat convergent.

9. Comme il est plus commode pour le calcul d'avoir la première limite de l'intégration égale à zéro, nous ferons $\psi = \theta - \varphi$, ce qui donnera $\varphi = 0$ pour la valeur de $\psi = \theta$. Si on fait cette substitution, en observant, que dans les différentielles précédentes, on doit écrire $-d\psi$ au lieu de $d\psi$, puisque ψ diminue à mesure que s, y, x augmentent, on aura :

$$ds = \frac{d\varphi . \sqrt{\dfrac{K}{2}}}{\sqrt{P\cos.\varphi + Q\sin.\varphi - P}}$$

$$dy = \frac{\sin.(\theta - \varphi) d\varphi . \sqrt{\dfrac{K}{2}}}{\sqrt{P\cos.\varphi + Q\sin.\varphi - P}}$$

$$dx = \frac{\cos.(\theta - \varphi) d\varphi \sqrt{\dfrac{K}{2}}}{\sqrt{P\cos.\varphi + Q\sin.\varphi - P}}$$

en faisant, pour abréger $P = R\cos.\theta - T\sin.\theta$

$$Q = R\sin.\theta + T\cos.\theta.$$

Comme la quantité K est essentiellement positive, nous pourrons écrire $2K^2$ à la place de K, et il viendra :

$$ds = \frac{K d\varphi}{\sqrt{P\cos.\varphi + Q\sin.\varphi - P}}$$

$$dy = \frac{\sin.(\theta - \varphi) d\varphi . K}{\sqrt{P\cos.\varphi + Q\sin.\varphi - P}} \qquad \text{(C)}$$

$$dx = \frac{\cos.(\theta - \varphi) d\varphi . K}{\sqrt{P\cos.\varphi + Q\sin.\varphi - P}}$$

10. Ces équations sont celles qui ont lieu, quelles que soient les forces R' et T (fig. 5) qui agissent à l'extrémité D de la lame, et on ne peut les intégrer, qu'en employant les méthodes données par Mr Legendre dans son mémoire sur les transcendantes elliptiques. Si, cependant, on suppose l'angle φ très-petit, il sera permis de développer en série le sinus et le cosinus en négligeant les puissances de l'arc supérieures à la seconde.

Pour analyser ce cas, faisons dans les équations (C)

$$\sin. \varphi = \varphi$$

$$\cos. \varphi = 1 - \frac{\varphi^2}{2}$$

et il viendra :

$$ds = \frac{K d\varphi.}{\sqrt{Q\varphi - \frac{P\varphi^2}{2}}}$$

$$dy = \frac{K d\varphi (\sin. \theta - \varphi \cos. \theta - \frac{\varphi^2}{2} \sin. \theta)}{\sqrt{Q\varphi - \frac{P\varphi^2}{2}}}$$

$$dx = \frac{K d\varphi (\cos. \theta + \varphi \sin. \theta - \frac{\varphi^2}{2} \cos. \theta)}{\sqrt{Q\varphi - \frac{P\varphi^2}{2}}}$$

Pour intégrer ces expressions on remarquera que:

$$\int \frac{\varphi^m d\varphi}{\sqrt{Q\varphi - \frac{P\varphi^2}{2}}} = \frac{-2\varphi^{m-1}\sqrt{Q\varphi - \frac{P\varphi^2}{2}}}{mP} + \frac{Q(2m-1)}{Pm} \int \frac{\varphi^{m-1} d\varphi}{\sqrt{Q\varphi - \frac{P\varphi^2}{2}}}$$

et facilement on obtiendra:

$$s = K\sqrt{\tfrac{2}{P}} \,.\, \text{arc.cos.} = 1 - \frac{P\varphi}{Q}$$

$$y = \sqrt{Q\varphi - \frac{P\varphi^2}{2}}\left\{ M + \frac{K\varphi \sin.\theta}{2P} \right\} + N \,\text{arc.cos.} = 1 - \frac{P\varphi}{Q}$$

$$x = \sqrt{Q\varphi - \frac{P\varphi^2}{2}}\left\{ M' + \frac{K\varphi \cos.\theta}{2P} \right\} + N'.\text{arc.cos.} = 1 - \frac{P\varphi}{Q}$$

En posant pour plus de simplicité :

$$N = K\sin.\theta \sqrt{\tfrac{2}{P}} - \frac{QK\cos.\theta\sqrt{2}}{P\sqrt{P}} - \frac{3KQ^2.\sin.\theta}{2P^2\sqrt{2P}}$$

$$N' = K\cos.\theta \sqrt{\tfrac{2}{P}} + \frac{QK\sin.\theta\sqrt{2}}{P\sqrt{P}} - \frac{3KQ^2.\cos.\theta}{2P^2\sqrt{2P}}$$

$$M = \frac{2K\cos.\theta}{P} + \frac{3QK.\sin.\theta}{2P^2}$$

$$M' = \frac{-2K\sin.\theta}{P} + \frac{3QK.\cos.\theta}{2P^2}$$

et intégrant de manière à ce que les résultats s'évanouissent lorsque $\varphi = 0$.

On peut donner à ces intégrales une forme plus simple en posant :

$$\cos.z = 1 - \frac{P\varphi}{Q}$$

et il viendra :

$$s = Kz \sqrt{\frac{2}{P}}$$

$$y = zN + \frac{Q.\sin z}{\sqrt{2P}} \left\{ M + \frac{Q.K.\sin.\theta(1 - \cos.z)}{2P^2} \right\}$$

$$x = zN' + \frac{Q.\sin z}{\sqrt{2P}} \left\{ M' + \frac{QK.\cos.\theta(1 - \cos.z)}{2P^2} \right\} \qquad \text{(D)}$$

11. Ces équations ne permettent pas l'élimination de z pour avoir l'équation de la courbe entre les coordonnées x et y, mais en renversant le problême, c'est-à-dire, en supposant la courbe donnée, on peut les employer avec avantage, pour obtenir les valeurs des forces R et T qui agissent à l'extrémité D. A cet effet, je supposerai que l'axe des abscisses DA réunit les deux extrémités de la courbe, et que les forces R et T sont dirigées suivant les lignes DA, DT, perpendiculaires entr'elles. On conçoit que si les forces R et T étaient dirigées suivant d'autres lignes, on pourrait toujours les remplacer par d'autres qui produiraient le même effet, et dont les directions coïncideraient avec celles que nous venons de fixer. Soit donc L la longueur de la courbe DMA (fig. 5) l'abscisse DA$=r$, et appelons m l'angle ACE formé par les tangentes AC, DE menées aux deux extrémités de la courbe. Il est facile de voir, que la quantité m sera la valeur de φ correspondante à l'abscisse DA, puisque l'équation $\sqrt{} = \theta - \varphi$ (N.° 9) indique que φ

désigne l'angle formé par la tangente, à un point quelconque de la courbe, avec la tangente à l'extrémité D. Faisant dans les équations (D) $S=L$, $y=o$, $x=r$, et désignant par z' la valeur de z qui répond à $\varphi=m$, on aura :

$$L=z'K\sqrt{\frac{2}{P}}$$

$$o=z'N+\frac{Q\sin.z'}{\sqrt{2P}}\left\{M+\frac{QK\sin.\theta(1-\cos.z')}{2P^2.}\right\}$$

$$r=z'N'+\frac{Q\sin.z'}{\sqrt{2P}}\left\{M'+\frac{QK\cos.\theta(1-\cos.z')}{2P^2.}\right\}$$

substituant dans les deux dernières de ces équations, à la place de M, M', N, N', leurs valeurs données dans l'article précédent, on trouvera :

$$o=z'K\sin.\theta\sqrt{\frac{2}{P}}-\frac{QKz'.\cos.\theta\sqrt{\frac{2}{P}}}{P.\sqrt{P}}-\frac{3KQ^2.z'\sin.\theta}{2P^2.\sqrt{2P}}$$

$$\frac{Q\sin.z'.}{\sqrt{2P}}\left\{\frac{2K.\cos\theta}{P.}+\frac{4QK.\sin.\theta}{2P^2}-\frac{Q.K.\sin\theta.\cos.z'}{2P^2}\right\}.$$

$$r=z'K.\cos.\theta.\sqrt{\frac{2}{P}}+\frac{QKz'\sin\theta\sqrt{2}}{P.\sqrt{P}}-\frac{3KQ^2z'.\cos\theta}{2P^2\sqrt{2P}.}$$

$$+\frac{Q\sin.z'.}{\sqrt{2P}}\left\{\frac{-2K\sin.\theta}{P}+\frac{4QK.\cos.\theta}{2P^2}-\frac{QK\cos.\theta\cos.z'}{2P^2.}\right\}$$

Multipliant la première de ces équations par $\sin.\theta$, la seconde par $\cos.\theta$, et les ajoutant ensuite, nous aurons

$$r\cos.\theta=z'K\sqrt{\frac{2}{P}}-\frac{3KQ^2z'}{3P^2\sqrt{P^2.}}+\frac{Q\sin.z'}{2P^2.\sqrt{2P}}\left\{4QK-QK\cos.z'\right\}$$

ou bien

$$r\cos.\,\theta = z' K \sqrt{\frac{2}{P}} + \frac{KQ^2}{P^2.\sqrt{2P}.} \left\{ 2\sin.z' - \frac{\sin.2z'}{4} - \frac{3z'}{2} \right\}$$

Si on multiplie la première par cos. θ, la seconde par sin.θ, et qu'on les retranche ensuite, on obtiendra:

$$r\sin.\,\theta = \frac{QK\sqrt{2}}{P\sqrt{P}} \left\{ z' - \sin.z' \right\}.$$

12. En réunissant les équations principales que nous avons trouvées dans les articles précédens, on aura,

$$P = R\cos.\theta - T\sin.\theta$$

$$Q = R\sin.\theta + T\cos.\theta$$

$$\cos.z' = 1 - \frac{Pm}{Q} \qquad\qquad (E)$$

$$z' = \frac{L\sqrt{P}}{K\sqrt{2.}}$$

$$r\cos.\,\theta = z'K\sqrt{\frac{2}{P}} + \frac{KQ^2}{P^2.\sqrt{2P.}} \cdot \left\{ 2\sin.z' - \frac{\sin.2z'}{4} - \frac{3z'}{2} \right\}$$

$$r\sin.\,\theta = \frac{QK\sqrt{2}}{P\sqrt{P}} \cdot \left\{ z' - \sin.z' \right\}.$$

Comme notre but est de déterminer R et T, il est clair, que les équations (E) résoudraient le problême, en supposant m et θ donnés. Mais si au lieu de connaître ces angles on connaissait seulement l'angle CAD$=\alpha$, voyons de quelle manière on déterminerait les forces R et T.

Il est clair d'abord que $\theta = m - \alpha$, et que les deux

4

dernières des équations (E) peuvent être mises sous cette forme :

$$\frac{r\cos.(m-\alpha)}{L} = 1 + \frac{Q^2}{2P^2} \cdot \left\{ \frac{2\sin.z'}{z'} - \frac{\sin.2z'}{4z'} - \frac{3}{2} \right\}.$$

$$\frac{r\sin.(m-\alpha)}{L} = \frac{Q}{P} \cdot \left\{ 1 - \frac{\sin.z'}{z'} \right\}.$$

On ne peut éliminer m de ces équations, qu'en supposant très-petit l'angle $m-\alpha$, ce qui donne

$$\sin.m-\alpha = m-\alpha$$

$$\cos.m-\alpha = 1 - \frac{(m-\alpha)^2}{2},$$

et par conséquent

$$\frac{r}{L} \cdot \left\{ 1 - \frac{(m-\alpha)^2}{2} \right\} = 1 + \frac{Q^2}{2P^2} \cdot \left\{ \frac{2\sin.z'}{z'} - \frac{\sin.2z'}{4z'} - \frac{3}{2} \right\}$$

$$\frac{r}{L}(m-\alpha) = \frac{Q}{P} \cdot \left\{ 1 - \frac{\sin.z'}{z'} \right\}$$

ou bien

$$\frac{r}{L} = 1 + \frac{(m-\alpha)^2}{2} + \frac{Q^2}{2P^2} \cdot \left\{ 1 + \frac{(m-\alpha)^2}{2} \right\} \cdot \left\{ \frac{2\sin.z'}{z'} - \frac{\sin.2z'}{4z'} - \frac{3}{2} \right\}.$$

$$\frac{r}{L}(m-\alpha) = \frac{Q}{P} \cdot \left\{ 1 - \frac{\sin.z'}{z'} \right\} \qquad\qquad (F)$$

en négligeant les puissances de $(m-\alpha)$ supérieures à la seconde.

En combinant ces deux équations avec l'équation

$$\cos.z' = 1 - \frac{Pm}{Q}, \qquad\qquad (G)$$

on pourrait bien éliminer m et $\frac{Q}{P}$, mais on aurait un résultat très-compliqué. Nous sommes donc obligés, pour avoir quelque chose de simple, de particulariser d'avantage le cas général, et à cet effet nous supposerons P beaucoup plus grand que Q, de manière à rendre la fraction $\frac{Q}{P}$ du même ordre que l'angle $m-\alpha$. Posons donc ;

$$\frac{Q}{P} = q + m - \alpha.$$

et traitons q, comme une quantité très-petite dont on puisse négliger le cube et les autres puissances. En introduisant cette hypothèse dans les équations (F), et substituant dans la seconde la valeur de $\frac{r}{L}$ donnée par la première, on aura ;

$$\frac{r}{L} = 1 + \frac{(m-\alpha)^2}{2} + \frac{(q+m-\alpha)^2}{2}\left\{\frac{2\sin.z'}{z'} - \frac{\sin.2z'}{4z'} - \frac{3}{2}\right\} \text{(H)}$$

$$m-\alpha = (q+m-\alpha)\left(1 - \frac{\sin.z'}{z'}\right).$$

Ces deux équations combinées avec l'équation (G) donnent

$$q = \frac{\alpha\sin.z'}{\sin.z' - z'\cos.z'}.$$

$$m = \frac{\alpha z'.(1-\cos.z')}{\sin.z' - z'\cos.z'}$$

substituant ces valeurs de q et m, dans l'équation (H), on obtiendra :

$$\frac{\frac{r}{L}-1}{\alpha^2} = \frac{(z'-\sin.z')^2 + 2z'\sin.z' - \frac{z'.\sin.2z'}{4} - \frac{3}{2}.z'^2}{2(\sin.z' - z'\cos.z')^2}. \qquad \text{(I)}$$

En connaissant L, r, et α, cette équation fera connaître la valeur de z' et d'après cela il sera facile de calculer R et T. En effet, nous avons d'après ce qui précède,

$$R = P\cos.\theta + Q\sin.\theta.$$
$$T = Q\cos.\theta - P\sin.\theta.$$

ou bien

$$R = P.\left\{ 1 - \frac{(m-\alpha)^2}{2} \right\} + Q(m-\alpha)$$
$$T = Q.\left\{ 1 - \frac{(m-\alpha)^2}{2} \right\} - P(m-\alpha)$$

en substituant pour θ sa valeur, $m-\alpha$, et développant en série le sinus et le cosinus, en ayant soin de négliger les puissances de $(m-\alpha)$ supérieures à la seconde. Mais

$$Q = P.(q + m - \alpha),$$

donc

$$R = P.\left\{ 1 + q(m-\alpha) + \frac{(m-\alpha)^2}{2} \right\}$$
$$T = Pq.$$

substituant pour q et m leurs valeurs trouvées précédemment on aura :

$$R = P.\left\{ \frac{1 + \alpha^2(z'^2 - \sin.^2 z')}{2(\sin.z' - z'\cos.z')^2} \right\}$$
$$T = \frac{P.\alpha \sin.z'}{\sin.z' - z'\cos.z'}$$

remplaçant P, par sa valeur, déduite de l'équation

$$z' = \frac{L \sqrt{P}}{K \sqrt{2}}$$

il viendra

$$R = \frac{2K^2 z'^2}{L^2} \cdot \left\{ 1 + \frac{\alpha^2 (z'^2 - \sin.^2 z')}{2(\sin.z' - z' \cos.z')^2} \right\}$$

$$T = \frac{2K^2 z'^2}{L^2} \cdot \frac{\alpha \sin.z'}{\sin.z' - z' \cos.z'}$$

(M)

Il ne s'agit plus maintenant, que de résoudre l'équation (I) pour connaître complétement R et T.

13. Si on suppose T=o, la valeur de z' est im-médiatement connue, puisque dans ce cas on doit avoir sin.z'=o, c'est-à-dire z'=π, en désignant par π la longueur de la demi-circonférence dans un cercle dont le rayon est égal à l'unité. On aura donc dans ce cas

$$R = \frac{2K \pi^2}{L^2} \cdot \left(1 + \frac{\alpha^2}{2} \right) .$$

Telle est la valeur de la force R, qu'il faudra faire agir dans la direction de la corde AD (fig. 6), pour produire dans la ligne élastique AMD le très-petit angle CAD que nous avons désigné par α dans le n.[o] précédent. Je dois observer maintenant, qu'il y a deux manières pour courber la ligne élastique AMD, conformément à la figure. La première consiste à supposer la ligne élastique fixée en A et dirigée suivant AC dans sa position naturelle; la seconde a lieu, lorsque la situation primitive de la ligne élastique coïncide avec la ligne AD, et qu'elle est forcée de se courber par une force R appliquée à son extrémité D. Il paraît, au premier coup-d'œil, qu'il est impossible qu'une force ainsi dirigée produise une inflexion, puisqu'il n'y a pas de raison qui la détermine plutôt d'un côté que d'un autre, mais en admettant la moindre inégalité dans les parties de la ligne, on conçoit, que l'inflexion est une conséquence naturelle de la force dirigée suivant l'axe même de la ligne.

En concevant donc la ligne élastique, d'abord dirigée suivant AD, on voit par la valeur précédente de R, qu'il faudra toujours une force plus grande que $\frac{2K^2\pi^2}{L}$, pour produire un angle α, quelque petit qu'il soit, d'où on conclut avec raison que $\frac{2K^2\pi^2}{L^2}$

est la limite des poids que la ligne peut supporter sans se plier. On doit ce théorême à EULER, qui le premier l'a démontré dans le supplément de son traité sur les isopérimètres, et on peut voir dans les Mémoires de l'Académie de Berlin (année 1757) l'usage qu'il en a fait, pour déterminer la force des colonnes. Je remarquerai en passant, qu'on pourrait aussi employer, avec succès, l'équation $R = \frac{2K^2\pi^2}{L^2}\left(1 + \frac{\alpha^2}{2} \right)$.

pour assigner la valeur de la constante $2K^2$, en connaissant R.

14. Revenons maintenant au cas où T n'est pas
nul, qui exige la solution de l'équation (I) trouvée
dans le n.° 12. Puisque T=0, donne $z'=\pi$, il est clair
qu'on doit avoir $z'=\pi-u$ pour une valeur très-petite
de T, en désignant par u une quantité fort petite
qu'il faudra retrancher de π. Or dans le cas qui nous
occupe, la force T est effectivement très-petite, puisqu'elle est multipliée par la longueur de l'angle α; nous
pourrons donc faire dans l'équation (I), $\sin z'=u$.

$\cos z'=-1+\dfrac{u^2}{2}$ ce qui donnera :

$$\frac{\dfrac{r}{L}-1}{\alpha^2}=\frac{3u\pi-\pi^2}{4\left\{\pi-\dfrac{\pi^2}{2}\right\}^2}$$

en négligeant les puissances de u supérieures à la
seconde.

Si on développe le dénominateur, on aura :

$$\frac{\dfrac{r}{L}-1}{\alpha^2}=\frac{3u}{4\pi}-\frac{1}{4}-\frac{u^2}{4}$$

Négligeant dans cette équation le terme $\dfrac{u^2}{4}$ on en
déduit,

$$u=\frac{\pi}{3}+\frac{4\pi}{3}\left\{\frac{\dfrac{r}{L}-1}{\alpha^2}\right\}$$

Éliminant l'arc z' des équations (M) et négligeant ce qu'on doit négliger, on trouvera :

$$R = \frac{2K^2}{L^2} \cdot (\pi^2 - 2\pi.u)\left(1 + \frac{a^2}{2}\right)$$

$$T = \frac{2K^2\pi^2}{L^2} \cdot \frac{au}{\pi};$$

substituant pour u, sa valeur que nous venons de trouver, il viendra :

$$R = \frac{2K^2}{L^2}\left\{\frac{\pi^2}{3} - \frac{8\pi^2}{3}\frac{\left(\frac{r}{L} - 1\right)}{a^2}\right\} \cdot \left(1 + \frac{a^2}{2}\right)$$

$$T = \frac{2K^2\pi^2}{3L^2}\left\{a + \frac{4\left(\frac{r}{L} - 1\right)}{a}\right\} \qquad (N)$$

15. Cette valeur de T diffère de celle trouvée par Lagrange, dans son Mémoire sur la force des ressorts pliés (Académie de Berlin 1769), où il donne dans le paragraphe 6 la formule suivante, pour calculer la force T ;

$$T = \frac{2K^2\pi^2}{3L^2}\left\{5a \; \frac{-4\left(\frac{r}{L} - 1\right)}{a}\right\}$$

Il me semble que je ne me suis pas trompé, dans tout ce que j'ai dit, pour parvenir à l'équation (N), et après avoir réfléchi pour connaître la cause de cette différence dans les résultats, j'ai cru reconnaître, qu'il s'était glissé une erreur dans le calcul de

Lagrange. En effet, les formules fondamentales qu'il trouve dans le §. 3, sont:

(O)

$$1 + \frac{Pm}{Q} = \cos. \frac{I\sqrt{-P}}{K\sqrt{2}}$$

$$b = \frac{QK\sqrt{2}}{P\sqrt{-P}} \cdot \left\{ \sin. \frac{L\sqrt{-P}}{K\sqrt{2}} - \frac{L\sqrt{-P}}{K\sqrt{2}} \right\}$$

$$a = L + \frac{Q^2 K\sqrt{2}}{2P^2 . \sqrt{-P}} \left\{ \frac{1}{4} \sin. \frac{2.L\sqrt{-P}}{K\sqrt{2}} - 2.\sin. \frac{L\sqrt{-P}}{K\sqrt{2}} + \frac{3L\sqrt{-P}}{2K\sqrt{2}} \right\}$$

où il suppose que P est une quantité négative. Si on écrit —P à la place de +P, il est certain que les deux premières de ces équations se changeront en celles-ci:

$$1 - \frac{Pm}{Q} = \cos. \frac{L\sqrt{P}}{K\sqrt{2}}$$

$$b = \frac{QK\sqrt{2}}{P.\sqrt{P}} \cdot \left\{ \frac{L\sqrt{P}}{K\sqrt{2}} - \sin. \frac{L\sqrt{P}}{K\sqrt{2}} \right\}$$

lesquelles coïncident avec la 3.ᵉ et la 6.ᵉ des équations données au commencement du N.º 12 en observant que $b = r\sin.\theta$. Si on écrit —P à la place de P dans la dernière des équations (o), on aura:

$$a = L + \frac{Q^2 K\sqrt{2}}{2P^2 \sqrt{P}} \cdot \left\{ \frac{1}{4} \sin. \frac{2L\sqrt{P}}{K\sqrt{2}} - 2\sin. \frac{L\sqrt{P}}{K\sqrt{2}} + \frac{3L\sqrt{P}}{2K\sqrt{2}} \right\}$$

équation qui diffère de celle-ci:

$$a = L + \frac{Q^2 K\sqrt{2}}{2P^2 \sqrt{P}} \left\{ - \frac{1}{4} \sin. \frac{2.L\sqrt{P}}{K\sqrt{2}} + 2 \sin. \frac{L\sqrt{P}}{K\sqrt{2}} - \frac{3L\sqrt{P}}{2K\sqrt{2}} \right\}$$

5

qui est la cinquième de celles que nous avons données dans le N.º 12, en remarquant que $r\cos\theta = x$.
Pour parvenir à cette équation, qui est la véritable,
en suivant le calcul de LAGRANGE, il faudrait remarquer qu'avant de réduire le coëfficient

$$+\frac{KQ^2}{2\,P^3\,\sqrt{-\frac{1}{2P}}}$$

à celui-ci

$$+\frac{KQ^2}{2\,P^2\,\sqrt{-\frac{P}{2}}}$$

il est nécessaire de rendre P négatif, et alors on
aurait :

$$\frac{+KQ^2}{2\,P^2 x - P\sqrt{\frac{1}{2P}}} = \frac{+KQ^2}{-2\,P^2 x.P\sqrt{\frac{1}{2P}}} = \frac{-KQ^2}{2\,P^2\,\sqrt{\frac{P}{2}}}$$

au lieu de $\dfrac{+KQ^2}{2\,P^2\,\sqrt{\frac{P}{2}}}$, qu'on trouve en changeant de suite

$$\frac{+KQ^2}{2\,P^3\,\sqrt{\frac{-1}{2P}}}$$

en

$$\frac{+KQ^2}{2\,P^2\,\sqrt{\frac{-P}{2}}}$$

et en écrivant — P, à la place de + P.

C'est à cette légère inattention qu'est due la différence entre mon résultat et celui de Lagrange, et
sans avoir résolu le problème, en supposant P négatif, dès le commencement du calcul, je serais cer-
tainement tombé dans le même inconvénient.

MÉMOIRE

SUR L'INTÉGRATION DES ÉQUATIONS LINÉAIRES

AUX DIFFÉRENCES PARTIELLES DU SECOND
ET DU TROISIÈME ORDRE.

PAR M.ʳ PLANA.

BIBLIOTHÈQUE ROYALE

Lu à la séance du 25 novembre 1809.

Dans les Mémoires de l'Académie de Paris (année 1773), M.ʳ Laplace a donné une méthode pour intégrer l'équation linéaire du second ordre, entre trois variables, qui exige une équation de condition pour parvenir à une intégrale composée d'un nombre fini de termes. M.ʳ Legendre, dans les Mémoires de la même Académie (année 1787), a perfectionné la méthode de Laplace, et s'est occupé de l'intégration de plusieurs équations aux différences partielles: parmi celles-ci, il a considéré l'équation linéaire du second ordre, entre quatre variables, et il a prouvé qu'on doit satisfaire à quatre équations de condition pour obtenir une intégrale en termes finis. Comme la méthode de M.ʳ Laplace relative à l'équation, entre trois

variables, m'a paru plus directe que celle de M.ʳ LE-
GENDRE, relativement à l'équation entre quatre variables, je me suis proposé de modifier la première,
de manière à pouvoir en déduire les conditions d'in-
tégrabilité analogues à celles trouvées par M.ʳ LEGENDRE,
et c'est à quoi je suis parvenu assez simplement.

Je considère, après cela, une équation particulière
du troisième ordre, entre trois variables, qui est la
même que celle traitée par LEGENDRE à la page 333
du Mémoire cité, et en suivant la méthode de LA-
PLACE, je parviens à la condition nécessaire pour
l'abaisser au second ordre. En changeant ensuite les
variables de l'équation générale du 3.ᵉ ordre, entre
trois variables et linéaire, je fais voir qu'on peut la
réduire à la forme de l'équation particulière traitée
en premier lieu, à l'aide d'une seule équation de
condition.

Soit.

$$(1)\ldots 0 = A.\frac{d^2v}{dx^2} + a.\frac{d^2v}{dxdy} + b.\frac{d^2v}{dxdz} + c.\frac{d^2v}{dy^2} + f.\frac{d^2v}{dydz} + g.\frac{d^2v}{dz^2}$$

$$+ h.\frac{dv}{dx} + i.\frac{dv}{dy} + k.\frac{dv}{dz} + l.v$$

l'équation proposée entre quatre variables, dans laquelle
les coëfficiens a, b, c, etc. sont des fonctions de x, y, z.
J'omets le dernier terme sans v, parce qu'on peut le
faire disparaître au moyen d'une valeur particulière.

Considérons u, s, t, comme trois fonctions de x,
y, z, et cherchons ce que devient l'équation (1) par
ce changement de variables.

Nous aurons,

$$\frac{dv}{dx} = \frac{dv}{du}\cdot\frac{du}{dx} + \frac{dv}{ds}\cdot\frac{ds}{dx} + \frac{du}{dt}\cdot\frac{dt}{dx}$$

$$\frac{dv}{dy} = \frac{dv}{du}\cdot\frac{du}{dy} + \frac{dv}{ds}\cdot\frac{ds}{dy} + \frac{dv}{dt}\cdot\frac{dt}{dy}$$

$$\frac{dv}{dz} = \frac{dv}{du}\cdot\frac{du}{dz} + \frac{dv}{ds}\cdot\frac{ds}{dz} + \frac{dv}{dt}\cdot\frac{dt}{dz}$$

$$\frac{d^2v}{dx^2} = \frac{d^2v}{du^2}\cdot\frac{du^2}{dx^2} + \frac{d^2v}{ds^2}\cdot\frac{ds^2}{dx^2} + \frac{d^2v}{dt^2}\cdot\frac{dt^2}{dx^2} + \frac{dv}{du}\cdot\frac{d^2u}{dx^2} + \frac{dv}{ds}\cdot\frac{d^2s}{dx^2}$$

$$+ \frac{dv}{dt}\cdot\frac{d^2t}{dx^2} + 2.\frac{d^2v}{duds}\cdot\frac{ds}{dx}\cdot\frac{du}{dx} + 2.\frac{d^2v}{dudt}\cdot\frac{du}{dx}\cdot\frac{dt}{dx}$$

$$+ 2.\frac{d^2v}{dsdt}\cdot\frac{dt}{dx}\cdot\frac{ds}{dx}$$

$$\frac{d^2v}{dy^2} = \frac{d^2v}{du^2}\cdot\frac{du^2}{dy^2} + \frac{d^2v}{ds^2}\cdot\frac{ds^2}{dy^2} + \frac{d^2v}{dt^2}\cdot\frac{dt^2}{dy^2} + \frac{dv}{du}\cdot\frac{d^2u}{dy^2} + \frac{dv}{ds}\cdot\frac{d^2s}{dy^2}$$

$$+ \frac{dv}{dt}\cdot\frac{d^2t}{dy^2} + 2.\frac{d^2v}{duds}\cdot\frac{ds}{dy}\cdot\frac{du}{dy} + 2.\frac{d^2v}{dudt}\cdot\frac{du}{dy}\cdot\frac{dt}{dy}$$

$$+ 2.\frac{d^2v}{dsdt}\cdot\frac{dt}{dy}\cdot\frac{ds}{dy}$$

$$\frac{d^2v}{dz^2} = \frac{d^2v}{du^2}\cdot\frac{du^2}{dz^2} + \frac{d^2v}{ds^2}\cdot\frac{ds^2}{dz^2} + \frac{d^2v}{dt^2}\cdot\frac{dt^2}{dz^2} + \frac{dv}{du}\cdot\frac{d^2u}{dz^2} + \frac{dv}{ds}\cdot\frac{d^2s}{dz^2}$$

$$+ \frac{dv}{dt}\cdot\frac{d^2t}{dz^2} + 2.\frac{d^2v}{duds}\cdot\frac{ds}{dz}\cdot\frac{du}{dz} + 2.\frac{d^2v}{dudt}\cdot\frac{du}{dz}\cdot\frac{dt}{dz}$$

$$+ 2.\frac{d^2v}{dsdt}\cdot\frac{dt}{dz}\cdot\frac{ds}{dz}$$

$$\frac{d^2v}{dxdy} = \frac{d^2v}{du^2} \cdot \frac{du}{dx} \cdot \frac{du}{dy} + \frac{d^2v}{ds^2} \cdot \frac{ds}{dx} \cdot \frac{ds}{dy} + \frac{d^2v}{dt^2} \cdot \frac{dt}{dx} \cdot \frac{dt}{dy} + \frac{d^2u}{dxdy} \cdot \frac{dv}{du}$$

$$+ \frac{d^2s}{dxdy} \cdot \frac{dv}{ds} + \frac{d^2t}{dxdy} \cdot \frac{dv}{dt} + \frac{d^2v}{dsdu} \left(\frac{du}{dx} \cdot \frac{ds}{dy} + \frac{ds}{dx} \cdot \frac{du}{dy} \right)$$

$$+ \frac{d^2v}{dudt} \left(\frac{du}{dx} \cdot \frac{dt}{dy} + \frac{dt}{dx} \cdot \frac{du}{dy} \right)$$

$$+ \frac{d^2v}{dtds} \left(\frac{dt}{dx} \cdot \frac{ds}{dy} + \frac{ds}{dx} \cdot \frac{dt}{dy} \right)$$

$$\frac{d^2v}{dydz} = \frac{d^2v}{du^2} \cdot \frac{du}{dy} \cdot \frac{du}{dz} + \frac{d^2v}{ds^2} \cdot \frac{ds}{dy} \cdot \frac{ds}{dz} + \frac{d^2v}{dt^2} \cdot \frac{dt}{dy} \cdot \frac{dt}{dz} + \frac{d^2u}{dydz} \cdot \frac{dv}{du}$$

$$+ \frac{d^2s}{dydz} \cdot \frac{dv}{ds} + \frac{d^2t}{dydz} \cdot \frac{dv}{dt} + \frac{d^2v}{duds} \left(\frac{du}{dy} \cdot \frac{ds}{dz} + \frac{ds}{dy} \cdot \frac{du}{dz} \right)$$

$$+ \frac{d^2v}{dudt} \left(\frac{du}{dy} \cdot \frac{dt}{dz} + \frac{dt}{dy} \cdot \frac{du}{dz} \right)$$

$$+ \frac{d^2v}{dtds} \left(\frac{dt}{dy} \cdot \frac{ds}{dz} + \frac{ds}{dy} \cdot \frac{dt}{dz} \right)$$

$$\frac{d^2v}{dxdz} = \frac{d^2v}{du^2} \cdot \frac{du}{dx} \cdot \frac{du}{dz} + \frac{d^2v}{ds^2} \cdot \frac{ds}{dx} \cdot \frac{ds}{dz} + \frac{d^2v}{dt^2} \cdot \frac{dt}{dx} \cdot \frac{dt}{dz}$$

$$+ \frac{d^2u}{dxdz} \cdot \frac{dv}{du} + \frac{d^2s}{dxdz} \cdot \frac{dv}{ds} + \frac{d^2t}{dxdz} \cdot \frac{dv}{dt}$$

$$+ \frac{d^2v}{duds} \left(\frac{du}{dx} \cdot \frac{ds}{dz} + \frac{ds}{dx} \cdot \frac{du}{dz} \right)$$

$$+ \frac{d^2v}{dudt} \left(\frac{du}{dx} \cdot \frac{dt}{dz} + \frac{dt}{dx} \cdot \frac{du}{dz} \right)$$

$$+ \frac{d^2v}{dtds} \left(\frac{dt}{dx} \cdot \frac{ds}{dz} + \frac{ds}{dx} \cdot \frac{dt}{dz} \right)$$

Substituant ces valeurs dans la proposée, on aura
l'équation suivante :

$$\frac{d^2 v}{du^2} \left\{ \begin{array}{l} A.\dfrac{du^2}{dx^2} + c.\dfrac{du^2}{dy^2} + g.\dfrac{du^2}{dz^2} + a.\dfrac{du}{dx}.\dfrac{du}{dy} + b.\dfrac{du}{dx}.\dfrac{du}{dz} \\[2mm] + f.\dfrac{du}{dy}.\dfrac{du}{dz} \end{array} \right.$$

$$\frac{d^2 v}{ds^2} \left\{ \begin{array}{l} A.\dfrac{ds^2}{dx^2} + c.\dfrac{ds^2}{dy^2} + g.\dfrac{ds^2}{dz^2} + a.\dfrac{ds}{dx}.\dfrac{ds}{dy} + b.\dfrac{ds}{dx}.\dfrac{ds}{dz} \\[2mm] + f.\dfrac{ds}{dy}.\dfrac{ds}{dz} \end{array} \right.$$

$$\frac{d^2 v}{dt^2} \left\{ \begin{array}{l} A.\dfrac{dt^2}{dx^2} + c.\dfrac{dt^2}{dy^2} + g.\dfrac{dt^2}{dz^2} + a.\dfrac{dt}{dx}.\dfrac{dt}{dy} + b.\dfrac{dt}{dx}.\dfrac{dt}{dz} \\[2mm] + f.\dfrac{dt}{dy}.\dfrac{dt}{dz} \end{array} \right.$$

$$\frac{d^2 v}{du\,ds} \left\{ \begin{array}{l} 2A.\dfrac{ds}{dx}.\dfrac{du}{dx} + 2\,c.\dfrac{ds}{dy}.\dfrac{du}{dy} + 2\,g.\dfrac{ds}{dz}.\dfrac{du}{dz} \\[2mm] + a\left(\dfrac{du}{dx}.\dfrac{ds}{dy} + \dfrac{ds}{dx}.\dfrac{du}{dy}\right) + b\left(\dfrac{du}{dx}.\dfrac{ds}{dz} + \dfrac{ds}{dx}.\dfrac{du}{dz}\right) \\[2mm] + f\left(\dfrac{du}{dy}.\dfrac{ds}{dz} + \dfrac{ds}{dy}.\dfrac{du}{dz}\right) \end{array} \right.$$

$$\frac{d^2 v}{du\,dt} \left\{ \begin{array}{l} 2A.\dfrac{du}{dx}.\dfrac{dt}{dx} + 2\,c.\dfrac{du}{dy}.\dfrac{dt}{dy} + 2\,g.\dfrac{du}{dz}.\dfrac{dt}{dz} \\[2mm] + a\left(\dfrac{du}{dx}.\dfrac{dt}{dy} + \dfrac{dt}{dx}.\dfrac{du}{dy}\right) + b\left(\dfrac{du}{dx}.\dfrac{dt}{dz} + \dfrac{dt}{dx}.\dfrac{du}{dz}\right) \\[2mm] + f\left(\dfrac{du}{dy}.\dfrac{dt}{dz} + \dfrac{dt}{dy}.\dfrac{du}{dz}\right) \end{array} \right.$$

$$+\frac{d^2v}{dsdt}\left\{\begin{array}{l}2A.\dfrac{dt}{dx}.\dfrac{ds}{dx}+2c.\dfrac{dt}{dy}.\dfrac{ds}{dy}+2g.\dfrac{dt}{dz}.\dfrac{ds}{dz}\\[2mm]+a\left(\dfrac{dt}{dx}.\dfrac{ds}{dy}+\dfrac{ds}{dx}.\dfrac{dt}{dy}\right)+b\left(\dfrac{dt}{dx}.\dfrac{ds}{dz}+\dfrac{ds}{dx}.\dfrac{dt}{dz}\right)\\[2mm]+f\left(\dfrac{dt}{dy}.\dfrac{ds}{dz}+\dfrac{ds}{dy}.\dfrac{dt}{dz}\right)\end{array}\right.$$

$$+\frac{dv}{du}\left\{\begin{array}{l}A.\dfrac{d^2u}{dx^2}+c.\dfrac{d^2u}{dy^2}+g.\dfrac{d^2u}{dz^2}+a.\dfrac{d^2u}{dxdy}+b.\dfrac{d^2u}{dxdz}\\[2mm]+f.\dfrac{d^2u}{dydz}+h.\dfrac{du}{dx}+i.\dfrac{du}{dy}+k.\dfrac{du}{dz}\end{array}\right.$$

$$+\frac{dv}{ds}\left\{\begin{array}{l}A.\dfrac{d^2s}{dx^2}+c.\dfrac{d^2s}{dy^2}+g.\dfrac{d^2s}{dz^2}+a.\dfrac{d^2s}{dxdy}+b.\dfrac{d^2s}{dxdz}\\[2mm]+f.\dfrac{d^2s}{dydz}+h.\dfrac{ds}{dx}+i.\dfrac{ds}{dy}+k.\dfrac{ds}{dz}\end{array}\right.$$

$$+\frac{dv}{dt}\left\{\begin{array}{l}A.\dfrac{d^2t}{dx^2}+c.\dfrac{d^2t}{dy^2}+g.\dfrac{d^2t}{dz^2}+a.\dfrac{d^2t}{dxdy}+b.\dfrac{d^2t}{dxdz}\\[2mm]+f.\dfrac{d^2t}{dydz}+h.\dfrac{dt}{dx}+i.\dfrac{dt}{dy}+k.\dfrac{dt}{dz}\end{array}\right.$$

$$+\,lv=0\quad.\quad.\quad.\quad.\quad.\quad.\quad(2)$$

Déterminons maintenant les fonctions u, et s, en égalant à zéro les coëfficiens de $\frac{d^2v}{du^2}$ et $\frac{d^2v}{ds^2}$: supposons de plus que le coëfficient de $\frac{d^2v}{duds}$ devienne nul par ces mêmes valeurs de u et s ; nous aurons les trois équations suivantes,

6

$$\left\{\begin{array}{l} A.\dfrac{du^2}{dx^2} + c.\dfrac{du^2}{dy^2} + g.\dfrac{du^2}{dz^2} + a.\dfrac{du}{dx}.\dfrac{du}{dy} + b.\dfrac{du}{dx}.\dfrac{du}{dz} + f.\dfrac{du}{dy}.\dfrac{du}{dz} = 0 \\[2mm] A.\dfrac{ds^2}{dx^2} + c.\dfrac{ds^2}{dy^2} + g.\dfrac{ds^2}{dz^2} + a.\dfrac{ds}{dx}.\dfrac{ds}{dy} + b.\dfrac{ds}{dx}.\dfrac{ds}{dz} + f.\dfrac{ds}{dy}.\dfrac{ds}{dz} = 0 \\[2mm] 2A.\dfrac{ds}{dx}.\dfrac{du}{dx} + 2c.\dfrac{ds}{dy}.\dfrac{du}{dy} + 2g.\dfrac{ds}{dz}.\dfrac{du}{dz} + a.\left(\dfrac{du}{dx}.\dfrac{ds}{dy} + \dfrac{ds}{dx}.\dfrac{du}{dy}\right) \\[2mm] + b.\left(\dfrac{du}{dx}.\dfrac{ds}{dz} + \dfrac{ds}{dx}.\dfrac{du}{dz}\right) + f.\left(\dfrac{du}{dy}.\dfrac{ds}{dz} + \dfrac{ds}{dy}.\dfrac{du}{dz}\right) = 0 \end{array}\right. \quad (3)$$

Les deux premières de ces équations, donnent,

$$\frac{du}{dx} = \frac{-a.\dfrac{du}{dy} - b.\dfrac{du}{dz}}{2A} + \frac{U}{2A}$$

$$\frac{ds}{dx} = \frac{-a.\dfrac{ds}{dy} - b.\dfrac{ds}{dz}}{2A} + \frac{S}{2A}$$

en posant, pour abréger,

$$U = \sqrt{\frac{du^2}{dy^2}.(a^2 - 4cA) + \frac{du^2}{dz^2}.(b^2 - 4gA) + \frac{du}{dy}.\frac{du}{dz}.2.(ab - 2fA)}$$

$$S = \sqrt{\frac{ds^2}{dy^2}.(a^2 - 4cA) + \frac{ds^2}{dz^2}.(b^2 - 4gA) + \frac{ds}{dy}.\frac{ds}{dz}.2.(ab - 2fA)}.$$

substituant dans la dernière des équations (3) pour $\dfrac{du}{dx}$, $\dfrac{ds}{dx}$ les valeurs que nous venons de trouver on aura ,

$$\left(ab - 2Af\right)\left(\frac{du}{dy}\cdot\frac{ds}{dz} + \frac{du}{dz}\cdot\frac{ds}{dy}\right) + \left(a^2 - 4cA\right)\frac{du}{dy}\cdot\frac{ds}{dy}$$

$$\left(+b^2 - 4gA\right)\frac{du}{dz}\cdot\frac{ds}{dz} = US.$$

Élevant au quarré les deux membres de cette équation, on trouvera, après les réductions,

$$\left(\frac{du}{dz}\cdot\frac{ds}{dy} - \frac{du}{dy}\cdot\frac{ds}{dz}\right)^2 \left\{ (a^2 - 4cA)(b^2 - 4gA) - (ab - 2Af)^2 \right\} = 0.$$

Cette équation sera satisfaite, en supposant, entre les coëfficiens de la proposée, la relation exprimée par l'équation

$$(a^2 - 4cA)(b^2 - 4gA) - (ab - 2Af)^2 = 0 \quad . \quad . \quad (4).$$

Il est clair, que cette condition ayant lieu, les fonctions désignées par U et S seront deux quarrés parfaits, ce qui simplifie les valeurs précédentes de $\frac{du}{dx}$, $\frac{ds}{dx}$, qu'on pourra mettre sous cette forme :

$$\frac{du}{dx} = -D\cdot\frac{du}{dy} - B\cdot\frac{du}{dz}$$

$$\frac{ds}{dx} = -D\cdot\frac{ds}{dy} - B\cdot\frac{ds}{dz} \quad\quad (5)$$

en faisant

$$D = \frac{a - \sqrt{a^2 - 4cA}}{2A}, \quad B = \frac{b - \sqrt{b^2 - 4gA}}{2A}$$

si on résout les équations (5) par les procédés connus, on déterminera les fonctions de x, y, z, qu'il faut prendre pour u, et s, afin de simplifier l'équation (2), et comme rien ne détermine t, on pourra supposer $t = x$.

Il suit de là, qu'en admettant l'équation (4), on pourra ramener l'intégration de l'équation (1) à une équation de cette forme:

$$\frac{d^2 \rho}{dx^2} + a.\frac{d^2 \rho}{dxdy} + b.\frac{d \rho^2}{dxdz} + h.\frac{d\rho}{dx} + i.\frac{d\rho}{dy} + k.\frac{d\rho}{dz} + l.\rho = 0 \quad (A)$$

qui est, comme on le voit, beaucoup plus simple. C'est à cette équation que nous allons appliquer la mé-thode que M.ʳ LAPLACE a donné pour intégrer l'équation linéaire du second ordre entre trois variables. Soit

$$\rho^{(1)} = \frac{d\rho}{dx} + r\rho$$

différentiant $\rho^{(1)}$ par rapport à x, y, z, et combinant les valeurs de $\frac{d\rho^{(1)}}{dx}$, $\frac{d\rho^{(1)}}{dy}$, $\frac{d\rho^{(1)}}{dz}$, avec l'équation (A), on trouve,

$$\frac{d\rho^{(1)}}{dx} + a.\frac{d\rho^{(1)}}{dy} + b.\frac{d\rho^{(1)}}{dz} + R.\rho^{(1)} + A.\frac{d\rho}{dz} + B = 0 \quad (B)$$

$$R = h - r$$

$$A = k - br$$

$$B = l + r^2 hr - \frac{dr}{dx} - b \cdot \frac{dr}{dz} - a \cdot \frac{dr}{dy}.$$

pour faire en sorte, que la transformée du second ordre en $\rho^{(1)}$, soit de même forme que la proposée, nous établirons l'équation de condition

$$A = 0$$

ce qui réduit l'équation (B.) à

$$\frac{d\rho^{(1)}}{dx} + a \cdot \frac{d\rho^{(1)}}{dy} + b \cdot \frac{d\rho^{(1)}}{dz} + R\rho^{(1)} + B.\rho = 0$$

en différentiant cette équation par rapport à x, et éliminant ρ et $\frac{d\rho}{dx}$ on obtiendra

$$\frac{d^2\rho^{(1)}}{dx^2} + a \cdot \frac{d^2\rho^{(1)}}{dxdy} + b \cdot \frac{d^2\rho^{(1)}}{dxdz} + \left(R + r - \frac{1}{B} \cdot \frac{dB}{dx} \right) \frac{d\rho^{(1)}}{dx}$$

$$+ \left(\frac{da}{dx} - \frac{a}{B} \cdot \frac{dB}{dx} + ar \right) \cdot \frac{d\rho^{(1)}}{dy}$$

$$+ \left(\frac{db}{dx} - \frac{b}{B} \cdot \frac{dB}{dx} + br \right) \frac{d\rho^{(1)}}{dz}$$

$$+ \left(\frac{dR}{dx} - \frac{R}{B} \cdot \frac{dB}{dx} + Rr + B \right) \rho^{(1)} = 0$$

ou bien

$$\frac{d^2 \rho^{(1)}}{dx^2} + a. \frac{d^2 \rho^{(1)}}{dxdy} + b. \frac{d^2 \rho^{(1)}}{dxdz} + h^{(1)}. \frac{d\rho^{(1)}}{dx} + i^{(1)}. \frac{d\rho^{(1)}}{dy}$$

$$+ k^{(1)}. \frac{d\rho^{(1)}}{dz} + l^{(1)}. \rho^{(1)} = 0 \qquad\qquad\text{(A')}$$

en posant, pour simplifier,

$$h^{(1)} = R + r - \frac{1}{B}. \frac{dB}{dx}$$

$$i^{(1)} = \frac{da}{dx} + ar - \frac{a}{B}. \frac{dB}{dx}$$

$$k^{(1)} = \frac{db}{dx} + br - \frac{b}{B}. \frac{dB}{dx}$$

$$l^{(1)} = B + Rr + \frac{dR}{dx} - \frac{R}{B}. \frac{dB}{dx}.$$

Traitons maintenant l'équation (A') comme nous avons traité l'équation (A), et à cet effet, soit

$$\rho^{(2)} = \frac{d\rho^{(1)}}{dx} + r^{(1)} \rho^{(1)}$$

$$r^{(1)} = \frac{i^{(1)}}{a} ;$$

on arrivera à une équation semblable à l'équation (B), qui sera

$$\frac{d\rho^{(2)}}{dx} + a. \frac{d\rho^{(2)}}{dy} + b. \frac{d\rho^{(2)}}{dz} + R^{(1)}. \rho^{(2)} + A^{(1)}. \frac{d\rho^{(1)}}{dz} + B^{(1)}. \rho^{(1)} = 0 \quad \text{(B')}$$

en posant

$$\text{R}^{(1)} = h^{(1)} - f^{(1)}$$

$$\text{A}^{(1)} = \text{K}^{(1)} - br^{(1)}$$

$$\text{B}^{(1)} = l^{(1)} + r^{(1)2} - h^{(1)} \cdot r^{(1)} - \frac{dr^{(1)}}{dx} - b \cdot \frac{dr^{(1)}}{dz} - a \cdot \frac{dr^{(1)}}{dy} \, .$$

Pour déduire de l'équation (B′) une équation du second ordre en $\varrho^{(2)}$ semblable à l'équation (A) on
établira l'équation de condition

$$\text{A}^{(1)} = 0$$

ou bien

$$\text{K}^{(1)} - br^{(1)} = 0 \, .$$

Substituant pour $\text{K}^{(1)}$, et $r^{(1)}$ leurs valeurs, on aura,

$$\frac{db}{dx} - \frac{b}{a} \cdot \frac{da}{dx} = 0 \, .$$

Cette équation de condition renfermant seulement
a et b, sera toujours la même dans les transformées
suivantes, ainsi il suffit de la vérifier une seule fois:
c'est à cette circonstance qu'on doit le succès de cette
méthode. On prendra donc l'équation

$$\frac{d\varrho^{(2)}}{dx} + a \cdot \frac{d\varrho^{(2)}}{dy} + b \cdot \frac{d\varrho^{(2)}}{dz} + \text{R}^{(1)} \varrho^{(2)} + \text{B}^{(1)} \varrho^{(1)} = 0$$

et en la différentiant pour éliminer $\varrho^{(1)}$, on trouvera

$$\frac{d^2\varrho^{(2)}}{dx^2} + a \cdot \frac{d^2\varrho^{(2)}}{dxdy} + b \cdot \frac{d^2\varrho^{(2)}}{dxdz} + h^{(2)} \cdot \frac{d\varrho^{(2)}}{dx} + i^{(2)} \cdot \frac{d\varrho^{(2)}}{dy}$$

$$+ k^{(2)} \cdot \frac{d\varrho^{(2)}}{dz} + l^{(2)} \varrho^{(2)} = 0 \quad . \quad . \quad . \quad . \quad . \quad . \quad . \quad \text{(A′)}$$

$$h^{(2)} = \mathrm{R}^{(1)} + r^{(1)} - \frac{1}{\mathrm{B}^{(1)}} \cdot \frac{d\mathrm{B}^{(1)}}{dx}$$

$$i^{(2)} = \frac{da}{dx} + a\, r^{(1)} - \frac{a}{\mathrm{B}^{(1)}} \cdot \frac{d\mathrm{B}^{(1)}}{dx}$$

$$k^{(2)} = \frac{db}{dx} + b\, r^{(1)} - \frac{b}{\mathrm{B}^{(1)}} \cdot \frac{d\mathrm{B}^{(1)}}{dx}$$

pour transformer cette équation, on posera,

$$\rho^{(3)} = \frac{d\rho^{(2)}}{dx} + r^{(2)} \cdot \rho^{(2)}$$

$$r^{(2)} = \frac{i^{(2)}}{a}.$$

L'uniformité du calcul prouve qu'on pourra continuer cette transformation sans difficulté.

Si dans la suite des transformées on trouve une des fonctions B, B$^{(1)}$, B$^{(2)}$, etc., égale à zéro, il est clair que l'intégration de l'équation (A) du second ordre sera ramenée à l'intégration d'une équation du premier ordre. Les conditions nécessaires pour intégrer l'équation (A) se réduisent donc à trois, et comme il en faut une pour ramener l'équation (1) à la forme de l'équation (A); nous en conclurons qu'il faut en général satisfaire à quatre équations pour intégrer l'équation (1) en termes finis. Cette conclusion est analogue à celle que M. Legendre donne dans le Mémoire cité.

La méthode de M. Laplace qui a réussi pour intégrer l'équation linéaire du second ordre, entre quatre
variables, peut aussi s'appliquer à l'équation linéaire
du troisième ordre, entre trois variables, lorsque sa
forme est comprise dans cette équation

$$\frac{d^3z}{dx^3} + A\frac{d^3z}{dx^2dy} + B\frac{d^2z}{dx^2} + C\frac{d^2z}{dxdy} + D\frac{dz}{dx} + E\frac{dz}{dy} + Fz = 0 \quad (C)$$

en effet, soit

$$z' = \frac{dz}{dx} + Mz,$$

on aura,

$$\frac{dz'}{dx} = \frac{d^2z}{dx^2} + Mz' + z\left(\frac{dM}{dx} - M^2\right)$$

$$\frac{dz'}{dy} = \frac{d^2z}{dxdy} + M.\frac{dz}{dy} + z.\frac{dM}{dy}$$

$$\frac{d^2z'}{dx^2} = \frac{d^3z}{dx^3} + M.\frac{dz'}{dx} + z'\left(2.\frac{dM}{dx} - M^2\right)$$
$$+ z\left(\frac{d^2M}{dx^2} + M^3 - 3M.\frac{dM}{dx}\right)$$

$$\frac{d^2z'}{dxdy} = \frac{d^3z}{dx^2dy} + M.\frac{dz'}{dy} + z.\frac{dM}{dy} + z\left(\frac{d^2M}{dxdy} - M\frac{dM}{dy}\right)$$
$$+ \frac{dz}{dy}\left(\frac{dM}{dx} - M^2\right)$$

substituant dans l'équation (C) les valeurs de $\frac{dz}{dx}$,

$\frac{d^2z}{dx^2}$, etc. données par ces équations,

7

on aura,

$$(D) \quad \frac{d^2 z'}{dx^2} + A.\frac{d^2 z'}{dxdy} + P.\frac{dz'}{dx} + Q.\frac{dz'}{dy} + N z' - a\, z$$

$$+ \frac{dz}{dy}\left(E - CM - A\frac{dM}{dx} + AM' \right) = 0$$

$$P = B - M$$

$$Q = C - AM$$

$$N = D - BM + M' - 2.\frac{dM}{dx} - A.\frac{dM}{dy}$$

$$\alpha = \frac{d^2 M}{dx^2} + A.\frac{d^2 M}{dxdy} + P.\frac{dM}{dx} + Q.\frac{dM}{dx} + MN - F$$

Si maintenant, on détermine M, en égalant à zéro, le coëfficient de $\frac{dz}{dy}$, et qu'on différentie ensuite l'équation (D) pour en éliminer z, on obtiendra une équation en z', qui aura cette forme :

$$\frac{d^3 z'}{dx^3} + A.\frac{d^3 z'}{dx^2 dy} + B'.\frac{d^2 z'}{dx^2} + C'.\frac{d^2 z'}{dxdy} + D'.\frac{dz'}{dx} + E'.\frac{dz}{dy} + F'z' = 0.$$

On pourra traiter cette équation comme la proposée, et si dans la suite des transformées, un des coëfficiens qui occupent la même place que α dans l'équation (D), devient nul, la question sera ramenée au second ordre.

Je vais maintenant faire voir qu'étant donnée l'équation générale du 3.ᵉ ordre et linéaire, on pourra la ramener à la forme exprimée par l'équation (C), à l'aide d'une seule équation de condition.

Soit

$$\frac{d^3z}{dx^3} + A.\frac{d^2z}{dx^2\,dy} + B.\frac{d^3z}{dx\,dy^2} + C.\frac{dz^3}{dy^3} + D.\frac{d^2z}{dx^2} + E.\frac{d^2z}{dx\,dy}$$

$$+ F.\frac{d^2z}{\omega y^2} + G.\frac{dz}{dx} + H.\frac{dz}{dy} + Kz = 0 \quad . \quad . \quad . \quad . \quad . \text{(E)}$$

l'équation proposée.

En considérant u et v, comme deux fonctions de x, y; et traitant z comme une fonction de u et de v, on aura :

$$\frac{d^3z}{dx^3} = \frac{d^3z}{du^3}.\frac{du^3}{dx^3} + \frac{d^3z}{dv^3}.\frac{dv^3}{dx^3} + 3.\frac{d^3z}{du^2dv}.\frac{du^2}{dx^2}.\frac{dv}{dx}$$

$$+ 3.\frac{d^3z}{dv^2du}.\frac{dv^2}{dx^2}.\frac{du}{dx} + 3.\frac{d^2z}{du^2}.\frac{d^2u}{dx^2}.\frac{du}{dx}$$

$$+ 3.\frac{d^2z}{dv^2}.\frac{d^2v}{dx^2}.\frac{dv}{dx} + 3.\frac{d^2z}{dudv}.\frac{dv}{dx}.\frac{d^2u}{dx^2}$$

$$+ 3.\frac{d^2z}{dudv}.\frac{du}{dx}.\frac{d^2v}{dx^2} + \frac{d^3u}{dx^3}.\frac{dz}{du} + \frac{d^3v}{dx^3}.\frac{dz}{dv}$$

$$\frac{d^3z}{dy^3} = \frac{d^3z}{du^3}.\frac{du^3}{dy^3} + \frac{d^3z}{dv^3}.\frac{dv^3}{dy^3} + 3.\frac{d^3z}{du^2dv}.\frac{du^2}{dy^2}.\frac{dv}{dy}$$

$$+ 3.\frac{d^3z}{dv^2dy}.\frac{du}{dy}.\frac{dv^2}{dy^2} + 3.\frac{d^2z}{du^2}.\frac{du}{dy}.\frac{d^2u}{dy^2}$$

$$+ 3.\frac{d^2z}{dv^2}.\frac{dv^2}{dy}.\frac{d^2v}{dy^2} + 3.\frac{d^2z}{dudv}.\frac{dv}{dy}.\frac{d^2u}{dy^2}$$

$$+ 3.\frac{d^2z}{dudv}.\frac{du}{dy}.\frac{d^2v}{dy^2} + \frac{dz}{du}.\frac{d^3u}{dy^3} + \frac{dz}{dv}.\frac{d^3v}{dy^3}$$

$$\frac{d^3z}{dx^2dy} = \frac{d^3z}{du^3}\cdot\frac{du^2}{dx^2}\cdot\frac{du}{dy} + \frac{d^3z}{dv^3}\cdot\frac{dv^2}{dx^2}\cdot\frac{dv}{dy}$$

$$+ \frac{d^3z}{du^2dv}\left(\frac{dv}{dy}\cdot\frac{du^2}{dx^2} + 2\cdot\frac{du}{dx}\cdot\frac{du}{dx}\cdot\frac{dv}{dx}\right)$$

$$+ \frac{d^3z}{dv^2du}\left(\frac{du}{dy}\cdot\frac{dv^2}{dx^2} + 2\cdot\frac{dv}{dx}\cdot\frac{dv}{dy}\cdot\frac{du}{dx}\right)$$

$$+ \frac{d^2z}{du^2}\left(\frac{du}{dy}\cdot\frac{d^2u}{dx^2} + 2\cdot\frac{du}{dx}\cdot\frac{d^2u}{dxdy}\right)$$

$$+ \frac{d^2z}{dv^2}\left(\frac{dv}{dy}\cdot\frac{d^2v}{dx^2} + 2\cdot\frac{dv}{dx}\cdot\frac{d^2v}{dxdy}\right)$$

$$+ \frac{d^2z}{dudv}\left(2\frac{dv}{dx}\cdot\frac{d^2u}{dxdy} + 2\cdot\frac{du}{dx}\cdot\frac{d^2v}{dxdy} + \frac{dv}{dy}\cdot\frac{d^2u}{dx^2} + \frac{du}{dy}\cdot\frac{d^2v}{dx^2}\right)$$

$$+ \frac{dz}{du}\cdot\frac{d^3u}{dx^2dy} + \frac{dz}{dv}\cdot\frac{d^3v}{dx^2dy}$$

$$\frac{d^3z}{dy^2dx} = \frac{d^3z}{du^3}\cdot\frac{du^2}{dy^2}\cdot\frac{du}{dx} + \frac{d^3z}{dv^3}\cdot\frac{dv^2}{dy^2}\cdot\frac{dv}{dx}$$

$$+ \frac{d^3z}{du^2dv}\left(\frac{dv}{dx}\cdot\frac{du^2}{dy^2} + 2\cdot\frac{du}{dy}\cdot\frac{du}{dx}\cdot\frac{dv}{dy}\right)$$

$$+ \frac{d^3z}{dv^2du}\left(\frac{du}{dx}\cdot\frac{dv^2}{dy^2} + 2\cdot\frac{dv}{dy}\cdot\frac{dv}{dx}\cdot\frac{du}{dy}\right)$$

$$+ \frac{d^2z}{du^2}\left(\frac{du}{dx}\cdot\frac{d^2u}{dy^2} + 2\cdot\frac{du}{dy}\cdot\frac{d^2u}{dydx}\right)$$

$$+ \frac{d^2z}{dv^2}\left(\frac{dv}{dx}\cdot\frac{d^2v}{dy^2} + 2\cdot\frac{dv}{dy}\cdot\frac{d^2v}{dydx}\right) + \frac{dz}{du}\cdot\frac{d^3u}{dy^2dx} + \frac{dz}{dv}\cdot\frac{d^3v}{dy^2dx}$$

$$+ \frac{d^2z}{dudv}\left(2\cdot\frac{dv}{dy}\cdot\frac{d^2u}{dydx} + 2\cdot\frac{du}{dy}\cdot\frac{d^2v}{dydx} + \frac{dv}{dx}\cdot\frac{d^2u}{dy^2} + \frac{du}{dx}\cdot\frac{d^2v}{dy^2}\right)$$

J'ai omis les valeurs de $\frac{d^2z}{dx^2}$, $\frac{d^2z}{dxdy}$, $\frac{d^2z}{dy^2}$ parce qu'on les trouve dans tous les ouvrages élémentaires.

En substituant les valeurs que nous venons de calculer dans la proposée, on obtient l'équation suivante.

$$\frac{d^3z}{du^3}\left\{\frac{du^3}{dx^3}+A.\frac{du^2}{dx^2}.\frac{du}{dy}+B.\frac{du^2}{dy^2}.\frac{du}{dx}+C.\frac{du^3}{dy^3}\right\}$$

$$+\frac{d^3z}{dv^3}\left\{\frac{dv^3}{dx^3}+A.\frac{dv^2}{dx^2}.\frac{dv}{dy}+B.\frac{dv^2}{dy^2}.\frac{dv}{dx}+C.\frac{dv^3}{dy^3}\right\}$$

$$+\frac{d^3z}{du^2dv}\left\{3.\frac{du^2}{dx^2}.\frac{dv}{dx}+\left(A.\frac{dv}{dy}.\frac{du^2}{dx^2}+2.\frac{du}{dx}.\frac{du}{dy}.\frac{dv}{dx}\right)\atop +B.\left(\frac{dv}{dx}.\frac{du^2}{dy^2}+2.\frac{du}{dy}.\frac{du}{dx}.\frac{dv}{dy}\right)+3C.\frac{du^2}{dy^2}.\frac{dv}{dy}\right\}$$

$$+\frac{d^3z}{dv^2du}\left\{3.\frac{dv^2}{dx^2}.\frac{du}{dx}+A.\left(\frac{du}{dy}.\frac{dv^2}{dx^2}+2.\frac{dv}{dx}.\frac{dv}{dy}.\frac{du}{dx}\right)\atop +B.\left(\frac{du}{dx}.\frac{dv^2}{dy^2}+2.\frac{dv}{dy}.\frac{dv}{dx}.\frac{du}{dy}\right)+3C.\frac{dv^2}{dy^2}.\frac{du}{dy}\right\}$$

$$+\frac{d^2z}{du^2}\left\{3.\frac{du}{dx}.\frac{d^2u}{dx^2}+A.\left(\frac{du}{dy}.\frac{d^2u}{dx^2}+2.\frac{du}{dx}.\frac{d^2u}{dxdy}\right)\atop +B.\left(\frac{du}{dx}.\frac{d^2u}{dy^2}+2.\frac{du}{dy}.\frac{d^2u}{dxdy}\right)+3C.\frac{du}{dy}.\frac{d^2u}{dy^2}\atop +D.\frac{du^2}{dx^2}+E.\frac{du}{dx}.\frac{du}{dy}+F.\frac{du^2}{dy^2}\right\}$$

54

$$+ \frac{d^2 z}{dv^2} \left\{ \begin{array}{l} 3.\frac{dv}{dx}.\frac{d^2v}{dx^2} + A.\left(\frac{dv}{dy}.\frac{d^2v}{dx^2} + 2.\frac{dv}{dx}.\frac{d^2v}{dxdy}\right) \\ + B.\left(\frac{dv}{dx}.\frac{d^2v}{dy^2} + 2.\frac{dv}{dy}.\frac{d^2v}{dxdy}\right) + 3C.\frac{dv}{dy}.\frac{d^2v}{dy^2} \\ + D.\frac{dv^2}{dx^2} + E.\frac{dv}{dx}.\frac{dv}{dy} + F.\frac{dv^2}{dy^2} \end{array} \right\}$$

$$+ \frac{d^2 z}{dudv} \left\{ \begin{array}{l} 3.\frac{dv}{dx}.\frac{d^2u}{dx^2} + 3.\frac{du}{dx}.\frac{d^2v}{dx^2} \\ + A.\left(2.\frac{dv}{dx}.\frac{d^2u}{dxdy} + 2.\frac{du}{dx}.\frac{d^2v}{dxdy} + \frac{dv}{dy}.\frac{d^2u}{dx^2} + \frac{du}{dy}.\frac{d^2v}{dx^2}\right) \\ + B.\left(2.\frac{dv}{dy}.\frac{d^2u}{dxdy} + 2.\frac{du}{dy}.\frac{d^2v}{dxdy} + \frac{dv}{dx}.\frac{d^2u}{dy^2} + \frac{du}{dx}.\frac{d^2v}{dy^2}\right) \\ + 3C\left(\frac{dv}{dy}.\frac{d^2u}{dy^2} + \frac{du}{dy}.\frac{d^2v}{dy^2}\right) + E.\left(\frac{du}{dx}.\frac{dv}{dy} + \frac{du}{dy}.\frac{dv}{dx}\right) \\ + 2D.\frac{du}{dx}.\frac{dv}{dx} + 2F.\frac{du}{dy}.\frac{dv}{dy} \end{array} \right\}$$

$$+ \frac{dz}{du} \left\{ \begin{array}{l} \frac{d^3u}{dx^3} + A.\frac{d^3u}{dx^2dy} + B.\frac{d^3u}{dy^2dx} + C.\frac{d^3u}{dy^3} + D.\frac{d^2u}{dx^2} \\ + E.\frac{d^2u}{dxdy} + F.\frac{d^2u}{dy^2} + G.\frac{du}{dx} + H.\frac{du}{dy} \end{array} \right\}$$

$$+ \frac{dz}{dv} \left\{ \begin{array}{l} \frac{d^3v}{dx^3} + A.\frac{d^3v}{dx^2dy} + B.\frac{d^3v}{dy^2dx} + C.\frac{d^3v}{dy^3} + D.\frac{d^2v}{dx^2} \\ + E.\frac{d^2v}{dxdy} + F.\frac{d^2v}{dy^2} + G.\frac{dv}{dx} + H.\frac{dv}{dy} \end{array} \right\}$$

$$+ K z = 0.$$

soit $\frac{du}{dx} = m.\frac{du}{dy}$; $\frac{dv}{dx} = n.\frac{dv}{dy}$, et désignons par

P, Q, R les coefficiens de $\dfrac{d^2z}{dud\rho}$, $\dfrac{dz}{du}$, $\dfrac{dz}{d\rho}$; de la définition aux ...
... premières de ... et ... exprimerons ...
nous aurons;
... pour qu'on puisse faire disparaître le coeffi-

$$(m^3+Am^2+Bm+C)\frac{d^2z}{du^2}\cdot\frac{du^3}{dy^3}+(n^3+An^2+Bn+C)\frac{d^2z}{d\rho^2}\cdot\frac{d\rho^3}{dy^3}$$

$$+\left[3m^2n+A(m^2+2mn)+B(2m+n)+3C\right]\frac{d^2z}{du^2d\rho}\cdot\frac{d\rho}{dy}\cdot\frac{du^2}{dy^2}$$

$$+\left[3mn^2+A(n^2+2mn)+B(m+2n)+3C\right]\frac{d^2z}{d\rho^2du}\cdot\frac{du}{dy}\cdot\frac{d\rho^2}{dy^2}$$

$$+\frac{d^2z}{d\rho^2}\left\{\left(\frac{dn}{dx}(3n+A)+\frac{dn}{dy}(3n^2+3nA+2B)+Dn^2+En+F\right)\frac{d\rho^2}{dy^2}\atop +3\frac{d\rho}{dy}\cdot\frac{d^2\rho}{dy^2}\cdot(n^3+An^2+Bn+C)\right\}$$

$$+\frac{d^2z}{du^2}\left\{\left(\frac{dm}{dx}(3m+A)+\frac{dm}{dy}(3m^2+3mA+2B)+Dm^2+Em+F\right)\frac{du^2}{dy^2}\atop +(m^3+Am^2+Bm+C)3\frac{d\rho}{dy}\cdot\frac{d^2\rho}{dy^2}\right\}$$

$$+\frac{d^2z}{dud\rho}\cdot P+Q\cdot\frac{dz}{du}+R\cdot\frac{dz}{d\rho}+Kz=0.$$

Pour donner à cette équation la forme assignée par l'équation (C), il faudra déterminer m et n au moyen des équations suivantes

$$n^3+An^2+Bn+C=0$$

$$A(n^2+3mn)+B(2m+n)+3C+3m.n^2=0$$

$$(3n+A).\frac{dn}{dx}+\frac{dn}{dy}(3n^2+3An+2B)+Dn^2+Fn+E=0.$$

On peut, dans tous les cas, satisfaire aux deux premières de ces équations, et la 3.ᵉ exprimera une condition qui devra exister entre les coëfficiens de la proposée, pour qu'on puisse faire disparaître le coëfficient de $\frac{d^2z}{dv^2}$, et arriver à une équation à laquelle on puisse appliquer le procédé d'intégration indiqué plus haut.

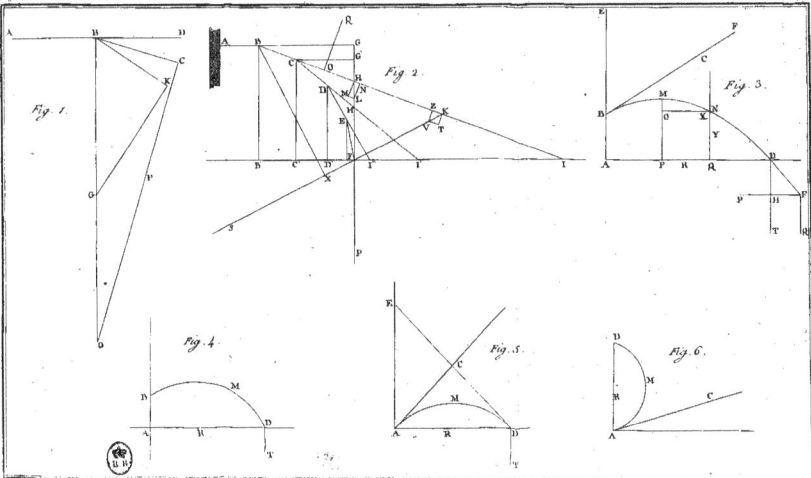

Fig. 1.

Fig. 2.

Fig. 3.

Fig. 4.

Fig. 5.

Fig. 6.

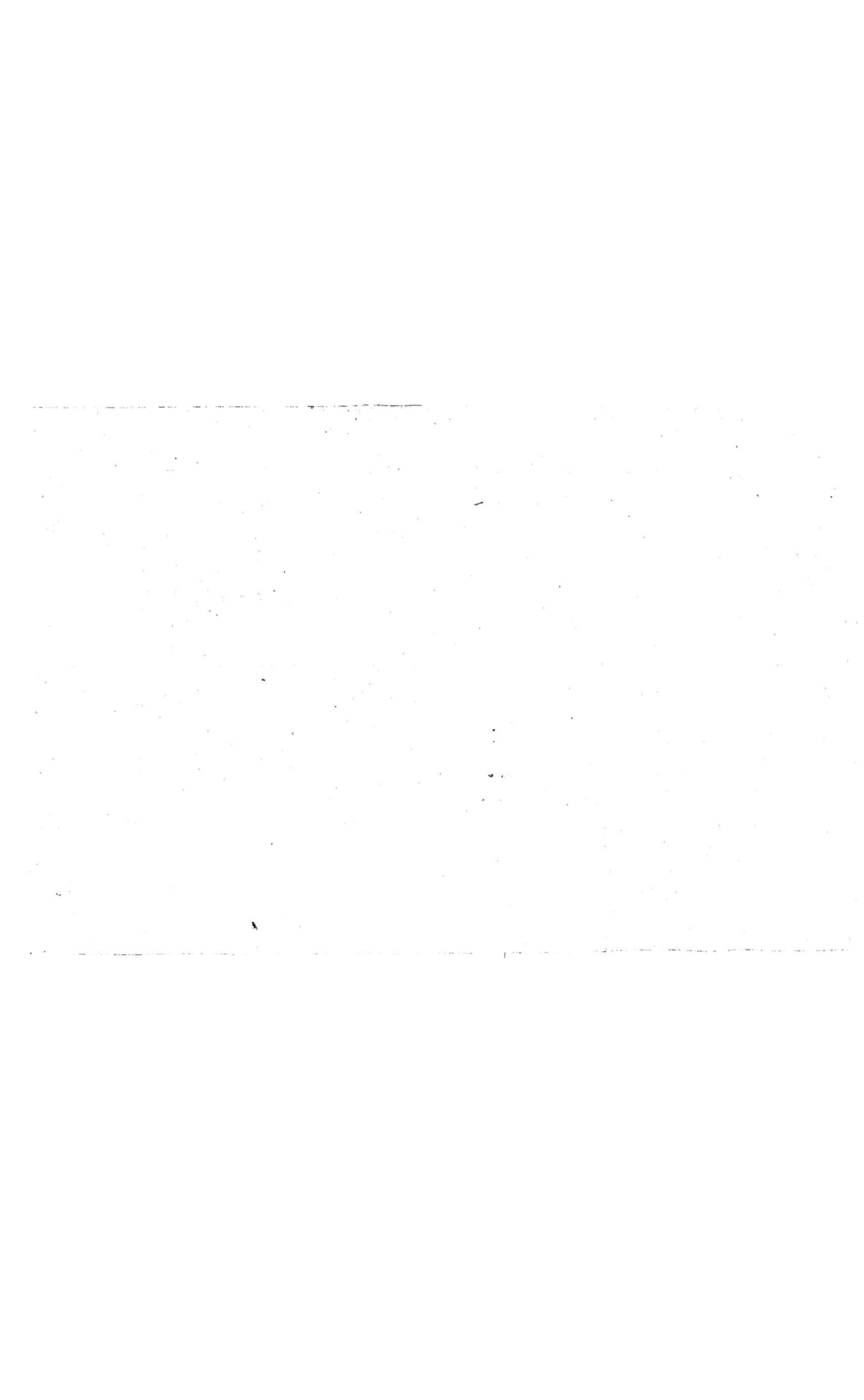

www.ingramcontent.com/pod-product-compliance
Lightning Source LLC
Chambersburg PA
CBHW070912210326
41521CB00010B/2160